今天吃麵

簡單。天然。純素。

張翡珊 著　周禎和 攝影

Let's Have Noodles

〔自序〕

天天吃麵也不膩！

離家千萬里，很多人最想吃的就是一碗媽媽煮的家鄉麵！一碗中華麵，看似簡單家常，卻能千變萬化，讓人天天吃麵也不膩。

中華麵食博大精深，由於各地飲食習慣不同，發展出變化豐富的中華麵食口味特色與烹調方法。例如喜歡麻辣口味可以吃四川涼麵、擔擔麵或燃麵，喜歡酸辣口味則可選擇雲南涼麵或酸辣麵。藉由麵條的豐富種類，我們也可從中看到中華麵食的多元性，麵線、拉麵、陽春麵、麵疙瘩……，皆可自由選擇。隨著時代環境的變化，不同地區的中華麵食不但相互交流吸取精華，甚至也與西方麵食做創新結合，因此現代中華麵食的發展，可說是百花齊放。

每一碗麵都有不同的傳說由來，可以趣味角度來欣賞。例如源自福建福州的「傻瓜乾麵」，得名原因是只有傻瓜才會點這種麵。其實我倒認為這道麵的特色是從單純的麵香，吃出天然的美味。傻瓜乾麵對我的啟發是，廚師應如傻瓜一樣，以單純的心為顧客服務。我正是以單純的心來設計本書食譜。

不過，以素麵展現各地傳統麵食特色並不容易。例如在口味上，便不可能以素麵重現葷食的道地口味。因此，經過一番深思熟慮，我決定回歸到料理原點，以掌握傳統麵食特色為核心，但不採葷菜素做，而是運用家常蔬果食材，做出現代純素新口味。

本書介紹的中華麵食，依常見的家庭料理方法分為四大單元：

一、乾麵、拌麵：

料理重點在特製醬料，調味料同為乾麵、拌麵與涼麵的美味關鍵，但是大部分的乾麵、拌麵的醬料，都需要事先經過烹調處理，才能使用。不過完成的特製醬料，例如紹子醬、八寶醬，通常也可成為「萬用醬」，炒菜、拌飯皆可。

二、炒麵、燴麵：

料理重點在搭配食材，選用當季食材並呈現出食材配色即可。在燴麵部分，很多人以為一定要用太白粉或地瓜粉做勾芡，其實有些食材如果燴汁煮得濃稠，例如南瓜汁，便不需要特別勾芡。

三、湯麵、羹麵：

湯麵、羹麵的料理重點在於高湯，素食高湯的種類很多，例如：香菇湯、昆布湯、蔬果湯……。建議可以將所煮的高湯分裝放入冰箱冷凍，便隨時都有高湯可以使用。

四、涼麵、冷麵：

涼麵、冷麵的特色是口感清涼，因此涼麵的調味料要消暑開胃，冷麵的湯頭則要涼爽順口。可以針對自己喜愛的口味，自由組合與變化調味方式。

「做菜不要背食譜」是我在烹飪教室課堂上，一直與同學分享的做菜心得，也是我的教學理念。因此，我的食譜希望寫得實用易做，採用隨手可得的家常食材，簡化繁複的料理過程，

TULIP

讓做菜可以輕鬆無負擔。即使在家自己動手做麵條也是十分簡單，將麵粉與水和一和、擀一擀、切一切，麵條便完成了。

傳統麵食其實早已深入家庭料理，每個家庭主婦都有自己的拿手麵。但是麵食雖然容易入門，想要精通卻很困難，因為它需要專業熟練的技術，才能運用自如。我在上麵食課時，透過易學、易懂的示範與實際練習，讓學員們能掌握蔬食料理的天然原味，體驗做菜樂趣。每次上課時看見同學們的熱絡互動，下課後也可與家人開心分享成品，心裡便覺得這是最好的教學回饋。

有一次，一位學員上完烹飪課回家，由於家中的小朋友不停吵鬧，她靈機一動，心想既然今天學做了麵條，不妨帶著孩子一起來做。於是便告訴小朋友說：「我們來做麵條！」結果親子同樂玩得好高興。學員告訴我說：「家裡好久沒有這種快樂的感覺了，想不到小小的麵糰也可以製造家庭樂趣，原來快樂這麼簡單！」

如果您還沒有決定今天要煮什麼，不妨跟家人說：「今天吃麵！」所花的時間不多，但全家一起動手做麵食的樂趣，卻是無窮的！

張寶珊

本書使用計量單位

- 1大匙（湯匙）＝15cc（ml）＝15公克
- 1小匙（茶匙）＝5cc（ml）＝5公克

CONTENTS 目錄

〔自序〕天天吃麵也不膩！ 002

做麵條 008

煮麵條 010

素麵的種類 012

乾麵&拌麵
Noodles with sauce

紹子麵 016
香醋麵 018
紅油抄手拌麵 020
四川擔擔麵 022
八寶醬麵 024
撈麵 026
麻醬乾麵 028
梅干拌麵 030
香椿拌麵 032
傻瓜乾麵 034
京醬拌麵 036
燃麵 038
福建拌麵 040
茶油拌麵 042

炒麵&燴麵
Pan fried noodles

臺式炒麵 046
客家炒麵 048
關廟炒麵 050
乾煎兩面黃 052
山東炒碼麵 054
雪菜炒麵 056
咖哩炒麵 058
什錦炒麵 060
雙瓜燴菇麵 062
麻婆豆腐燴麵 064

Part3

湯麵&羹麵
Noodle soup

臭豆腐湯麵 068
搶鍋麵 070
丸子麵 072
香菇煨麵 074
溫州大餛飩麵 076
鍋燒意麵 078
味噌豆皮麵 080
臺南擔仔麵 082
養生麵 084
紅燒麵 086
山西麵疙瘩 088
陽春麵 090
杏鮑菇麵 092
酸菜麵 094
大滷麵 096
酸辣麵 098

Part4

涼麵&冷麵
Cold noodles

臺式涼麵 102
泡菜涼麵 104
腐乳涼麵 106
雲南涼麵 108
山藥泥涼麵 110
柚香涼麵 111
四川涼麵 112
梅汁涼麵 114
三色蔬果涼麵 116
水果冷麵 118

做麵條

基本要領

需要水煮的麵條，在麵食製作裡屬於冷水麵麵糰。自製麵條具有機器製麵所沒有的嚼勁口感，麵香較濃郁，天然且健康。切麵的寬度可視個人需求做調整，此處示範的為細麵做法。

自製麵條由於所含水分較多，久放後麵條容易相互沾黏，因此麵條製作完成後，要在半小時內下水煮，不能放入冰箱保存。

有些人喜歡做不同風味的麵條，例如菠菜麵條、咖哩麵條……等。原則上，自製麵條所選用的材料愈簡單愈好，如果想做不同風味麵條，可以在麵粉裡加入少許其他粉類，例如少許的咖哩粉或綠藻粉，也可以加入果菜汁，例如菠菜汁，都不會影響麵條的嚼勁。但是不建議加入根莖類材料，因為會影響麵條的彈性。

想要做出彈牙的麵條，麵條與水的比例不能隨意調動，如果水量多於應有的比例，麵條會變得過軟而沒有嚼勁。此外，當麵糰製作好時，如果能多揉幾下，也可以增加麵條的彈性。

製麵材料

中筋麵粉300公克、水150 cc、鹽½小匙

製麵步驟

❶ 將300公克中筋麵粉倒入盆內，先加入½小匙鹽。

❷ 加入150cc冷水，用手攪拌均勻搓揉成糰。

❸ 放入倒扣的容器裡，隔絕空氣，靜置鬆弛15分鐘。

④ 麵糰切為2等份。

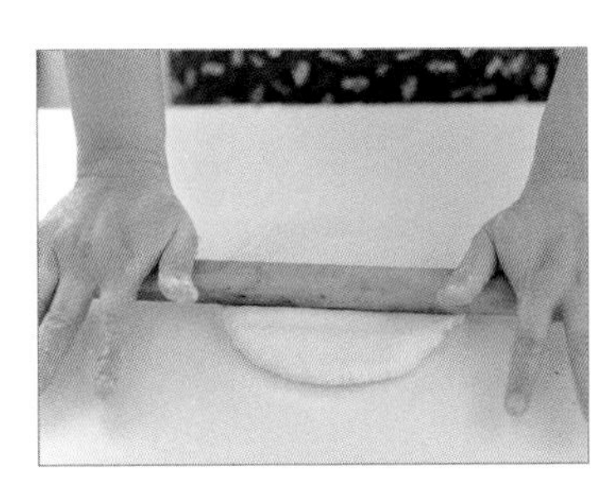

⑤ 用擀麵棍擀平麵糰。

⑥ 將麵皮捲起。

⑦ 擀開麵皮一邊擀一邊撒粉，防止沾黏，擀成約0.2公分厚的光滑麵皮。

⑧ 用手將麵皮多層摺疊。

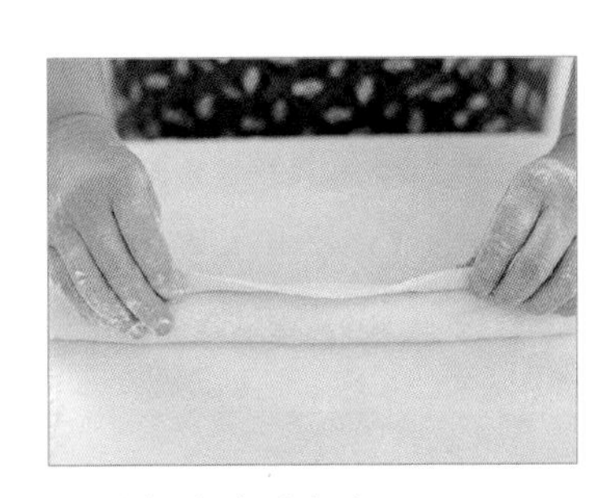

⑨ 將麵皮末端朝上。

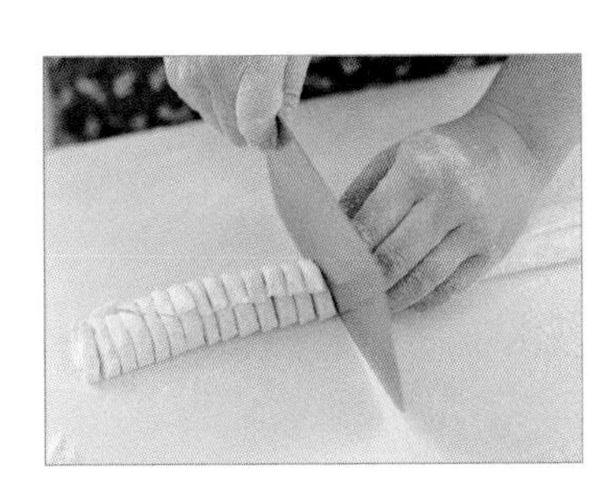

⑩ 用刀將麵皮切為0.3公分寬的細條。

⑪ 以手抖鬆麵條。

⑫ 撒些麵粉，防止沾黏，即可準備煮麵。

煮麵條

基本要領

1. **水量要多：**鍋中水量夠多時，煮麵時便不需要像一般習慣，另外再加冷水入鍋。
2. **下麵條前加鹽：**下麵條前，先在水裡加½小匙鹽，加鹽可以改變麵條的蛋白質特質，讓麵條有彈性。
3. **適度攪動，防止黏鍋：**下麵條時，不一定要成扇狀，但要以筷子做適度攪動，以免麵條沾黏或黏鍋。
4. **讓水保持滾狀，煮至熟即可：**水滾沸後，轉為中火，讓水一直保持滾沸狀態。
5. **撈起瀝乾，淋油：**如果麵條煮熟後，沒有立即進行烹煮，要先淋上適量的油，以防止沾黏。

煮法變化

1. 生麵：

中式麵條通常可分為生麵與熟麵兩種，生麵是指傳統市場或麵店現做的新鮮麵條，未經過蒸煮或油炸。雖然生麵的口感佳，可是由於所含水分多，不易保存，最好能趁新鮮盡快煮食。生麵要以滾水煮麵，通常一人份的麵（約100公克），約煮7至8分鐘，視所選的麵是細麵或粗麵，時間略有增減。

2. 熟麵：

熟麵是指已經過蒸煮或油炸的麵，將水分乾燥處理，通常製成麵餅狀，保存期限可長達數月或一年。熟麵所需的煮麵時間較短，通常一人份的麵（約100公克），水滾後約煮30秒鐘至1分鐘即可。不宜久煮，以免過於軟爛。

3. 市售包裝乾麵：

現代科技發達，市售包裝乾麵種類繁多，不論是家常麵、陽春麵、拉麵、麵線……，皆有多種選擇，煮法可參考包裝袋的說明文字。原則上，乾麵口感較生麵硬，約煮3至5分鐘左右。由於保存期限通常可長達一年以上，因此使用與保存較為方便。

4. 鹼水麵：

由於麵條添加鹼粉，例如油麵、意麵都帶有鹼的氣味，因此在煮麵時需要滴上兩、三滴白醋，或是先汆燙再煮，以除去怪味，避免影響食欲。

煮麵步驟

❶ 取一寬口的鍋或是炒菜鍋，加入約½鍋冷水，煮滾。

❷ 待水滾後，加入½小匙鹽，放入麵條。

❸ 以筷子略微攪拌，讓剛入鍋的麵條不會互相沾黏或黏鍋。

❹ 水滾後轉中火，煮至麵條熟軟、麵心變透，即可撈起瀝乾。

❺ 將麵條盛碗。

❻ 淋上適量的油拌麵，避免麵條互相沾黏即可。

素麵的種類

中華麵條的種類很多，從外觀來看，麵身便有粗、細、厚、薄之分，細麵、粗麵、寬麵……，各有不同的口感嚼勁，可以就料理需求與喜愛口味做選擇。至於製作方式，則更是千變萬化，有可在家自行簡易製作的家常麵、麵疙瘩，也有神乎其技的拉麵、刀削麵。不過，由於純素麵食不含蛋、奶成分，因此傳統的雞蛋麵、含蛋意麵，便不能選用。此外，因考量健康因素，所以本書示範料理，均採用天然健康的麵條，希望讓大家吃得安心、吃得健康。

【細麵】

細麵的口感紮實有嚼勁，適合做湯麵與涼麵。細麵的麵身細長，容易吸附醬汁，適合使用於涼麵細麵。但如果是重口味的醬汁，改用粗麵更適合，以免口味過於厚重。由於細麵用於炒麵或燴麵，容易糊化，所以不建議採用於這兩種料理方式。

【粗麵】

粗麵的麵身為圓型，容易吸附湯汁，所以有做勾芡的羹麵，例如大滷麵，便很適合使用粗麵，會比細麵更容易吃出羹麵的濃郁風味。

【寬麵】

寬麵的麵身寬扁，口感柔軟滑順，可以讓料理的風味更為柔和順口。不論是用於乾麵、炒麵、湯麵，都非常適合。

【家常麵】

全名為家常刀切麵，是非常適合在家自製的麵條。麵身較寬粗，具有軟中帶勁的嚼勁，不論是做乾麵、炒麵，或是湯麵，都非常適合。中國的北方人家，家家都常備擀麵棍，自製家常麵。

【陽春麵】

由於農曆十月為小陽春，古代只有湯而沒有配料的麵，售價為一碗十文錢，因此名為陽春麵。陽春麵又稱光麵，只是簡單的清湯麵，陽春麵的麵條本身沒有特別的嚼勁與滑順度，主以讓人能裹腹為主，可以快速吃完繼續工作，但因價格便宜實惠，所以深受歡迎。

【拉麵】

相傳拉麵技術源自山東，山東又被稱為拉麵之鄉。拉麵工夫被視為是技術與藝術的結合，以不用機器，純靠人的一雙巧手甩拉成細長麵條而得名，又稱甩麵、扯麵。拉麵的口感勁道十足，最常見的料理方式為湯麵，但是做為炒麵、乾麵，也別有風味。

【意麵】

意麵的原本特色在於製麵不加一滴水，完全以鴨蛋代替水分，具有獨特麵香。但也有不含蛋的純素意麵，選購時可以留意製麵成分。古早味的意麵，做法如同陽春麵般簡單，材料單純、口味清淡，現代則變化出多種新做法，例如鍋燒意麵。

【關廟麵】

關廟麵原是臺南縣關廟鄉當地的傳統麵，用於祭祀。但由於不用機器烘乾，而以日曬乾燥，使得麵條具有天然日曬法的麵香，而且口感特別有彈性，因此變成全臺知名特產。關廟麵久煮不爛，香滑可口，不論是做乾麵、炒麵或湯麵，皆非常適合。

【麵線】

慶生吃麵線是中國的傳統習俗，帶有長壽的吉祥祝福。手工麵線與麵條的製法不同，有抽拉麵筋增加韌性的拉製過程，因此彈性極佳，久煮不爛。麵線可分為手工麵線與機器麵線，手工製麵的含鹽量較高，本身帶有鹹味，因此煮前可先用冷水略洗，或於煮時減少鹽量。

【油麵】

油麵屬於鹼水麵，中國南方人製麵與北方人不同，習慣以鹼水製麵，所以麵條會帶有鹼的氣味。由於加了鹼水，使得麵條變黃，黃色泛著油亮光澤的麵身，便成了油麵的特色。但由於現代製麵常添加黃色色素等化學添加物，所以不建議以油麵為主食食用。

PART 1

乾麵&拌麵

Noodles with sauce

● 紹子麵 ● 香醋麵 ● 紅油抄手拌麵
● 四川擔擔麵 ● 八寶醬麵 ● 撈麵 ● 麻醬乾麵
● 梅干拌麵 ● 香椿拌麵 ● 傻瓜乾麵 ● 京醬拌麵
● 燃麵 ● 福建拌麵 ● 茶油拌麵

紹子麵

材料

陽春麵 100公克
豆干 50公克
新鮮黑木耳 20公克
乾金針 10公克
薑 10公克
香菜 10公克

調味料

醬油 2大匙
糯米醋 1大匙
鹽 .... ¼小匙
糖 .... ¼小匙
香油 1大匙

做法

1. 豆干洗淨，切小丁；新鮮黑木耳洗淨，切小丁；乾金針泡開，切小丁；薑洗淨去皮，切末；香菜洗淨，切小段，備用。
2. 麵條以滾水煮熟，撈起瀝乾後盛碗。
3. 冷鍋倒入1大匙沙拉油，開小火，炒香薑末，加入豆干丁、黑木耳丁、金針丁一起拌炒，再加入100cc冷水，以醬油、糯米醋、鹽、糖、香油調味，轉中火，煮至入味，關火起鍋，即是紹子醬。
4. 將麵條淋上適量的紹子醬，撒上香菜段，拌勻即可食用。

私·房·話 noodle

- 紹子麵有一由來說是一位狀元因考取功名返鄉，請求嫂子幫忙煮麵宴客，大家便稱這道麵為「嫂子麵」，後來又改稱為「紹子麵」。
- 香辣的紹子醬不但拌麵、拌飯皆美味，炒菜也很可口下飯。
- 醬汁可依個人口味濃淡調整用量，通常一人份麵量使用3大匙醬汁即可。

香醋麵

材料

細麵 ………… 100公克
甜菜根 ………… 30公克
萵苣 ………… 50公克
白芝麻 ………… 1/3 小匙

調味料

薄鹽醬油 ………… 2大匙
糯米醋 ………… 1大匙
糖 ………… 1/3 小匙
香油 ………… 1/4 小匙

做法

1 甜菜根洗淨去皮，切絲；萵苣洗淨，摘取大葉片，瀝乾水分，備用。
2 麵條以滾水煮熟，撈起瀝乾後盛碗。
3 取一碗，將薄鹽醬油、糯米醋、糖、香油一起拌勻，即是香醋醬汁。
4 將麵條淋上適量的香醋醬汁，拌勻後，放入萵苣葉裡，最後撒上甜菜根絲、白芝麻即可食用。

私·房·話 noodle

● 以萵苣當容器的這種吃法，可讓吃麵產生新的樂趣與口感。吃法為捲起萵苣，包著麵條一起食用。

紅油抄手拌麵

材料

陽春麵 …… 100公克
餛飩 …… 4粒

調味料

辣油 …… 2大匙
花椒粉 …… ⅓小匙
醬油膏 …… 1大匙
薑泥 …… ⅓小匙
糯米醋 …… ⅓小匙
香油 …… ⅓小匙
花生粉 …… 1大匙

做法

1 餛飩以滾水煮熟，備用。
2 麵條以滾水煮熟，撈起瀝乾後盛碗。
3 取一碗，將辣油、花椒粉、醬油膏、薑泥、糯米醋、香油以45cc熱水調開。
4 將麵條淋上適量的辣油醬汁，拌勻後，放上餛飩，撒上花生粉即可食用。

私·房·話 noodle

- 同樣的一種小吃，四川人稱「抄手」，浙江人稱「餛飩」，廣東人稱「雲吞」，福建人與臺灣人稱「扁食」，無論名稱如何變，都一樣美味。
- 辣油就是紅油，買現成的即可。

四川擔擔麵

材料

陽春麵	100公克
豆干	50公克
冬菜	20公克
綠豆芽	20公克
芹菜	10公克

調味料

麻辣醬	1大匙
芝麻醬	1大匙
醬油	2大匙
糖	¼小匙

做法

1. 豆干洗淨，切小丁；冬菜略洗，切末；綠豆芽洗淨，以滾水汆燙；芹菜洗淨，切末，備用。
2. 麵條以滾水煮熟，撈起瀝乾後盛盤。
3. 冷鍋倒入麻辣醬，加入豆干丁、冬菜末一起炒香，以芝麻醬、醬油、糖調味，待炒至入味，即可起鍋。
4. 將麵條淋上適量的辣醬，放上綠豆芽，撒上芹菜末，拌勻即可食用。

麻辣醬DIY

材料：香油5大匙、花椒粒2大匙、辣椒末2大匙、醬油1大匙、糖½小匙、白胡椒粉1小匙

做法：
1. 冷鍋倒入香油，開小火，炒香花椒粒後，把花椒粒撈起，加入辣椒末略炒，關火。
2. 起鍋前，以醬油、糖、白胡椒粉調味，裝碟放涼即可。

私·房·話 noodle

- 擔擔麵是四川招牌麵，因是挑擔叫賣而得名。以油香麻辣的風味，深受人們喜愛。
- 冬菜大部分都是含蒜的葷食，因此購買時要問店家有無純素的冬菜。冬菜略洗即可，以免洗去特殊風味，也有人不做清洗直接料理。

八寶醬麵

材料

粗麵 …… 100公克
豆干 …… 100公克
竹筍 …… 100公克
紅蘿蔔 …… 50公克
蒟蒻 …… 50公克
毛豆 …… 50公克
水煮花生 …… 50公克
乾香菇 …… 5公克
杏鮑菇 …… 50公克

調味料

豆瓣醬 …… 3大匙
醬油 …… 2大匙
糖 …… ⅓小匙
香油 …… 適量

做法

1 豆干洗淨，切小丁；竹筍洗淨剝殼，切小丁，以滾水汆燙；紅蘿蔔洗淨去皮，切小丁；蒟蒻洗淨，切小丁；毛豆洗淨，以滾水汆燙；乾香菇泡開，擠乾水分，切小丁；杏鮑菇洗淨，切小丁，備用。

2 麵條以滾水煮熟，撈起瀝乾後盛盤。

3 冷鍋倒入1大匙沙拉油，開小火，炒香香菇丁，加入豆干丁、竹筍丁、紅蘿蔔丁、杏鮑菇丁、蒟蒻丁一起拌炒，以豆瓣醬、醬油、糖、香油調味，再加入200cc冷水，轉中火，煮至入味，加入毛豆、水煮花生，即是八寶醬。

4 將麵條淋上適量的八寶醬，拌勻即可食用。

私·房·話 noodle

- 八寶醬的意思是指醬料有多種食材，因此也可以自由變化調配。製作時不妨多炒，但是存放冰箱時，不能放冷凍庫，要放冷藏庫，因為蒟蒻如果冷凍，會變硬。
- 喜歡辣味的人，可選用辣味豆瓣醬。
- 此處以水煮花生代替傳統使用的油炸花生，更為健康爽口。

撈麵

材料

陽春麵 100公克
銀芽 60公克
芹菜 30公克

調味料

純釀黑豆蔭油 2大匙
番茄醬 .... ⅓小匙
香油 1大匙
白胡椒粉 .... 少許

做法

1. 銀芽洗淨，以滾水汆燙；芹菜洗淨，切末，以滾水汆燙，備用。
2. 麵條以滾水煮熟，撈起瀝乾後盛碗。
3. 取一碗，將純釀黑豆蔭油、番茄醬、香油、白胡椒粉拌勻。
4. 將麵條淋上適量的黑豆蔭油醬，拌勻後，放上銀芽、芹菜末即可食用。

私·房·話 noodle

- 這裡使用黑豆蔭油代替廣東撈麵所使用的蠔油，讓大家可以在家輕鬆煮。
- 綠豆芽摘去頭尾，即是銀芽。

麻醬乾麵

材料

陽春麵 …… 100公克
紅蘿蔔 …… 30公克
小黃瓜 …… 30公克

調味料

芝麻醬 …… 3大匙
醬油 …… ⅓小匙
糯米醋 …… ⅓小匙
糖 …… ½小匙

做法

1. 紅蘿蔔洗淨去皮，刨絲；小黃瓜洗淨，刨絲，備用。
2. 麵條以滾水煮熟，撈起瀝乾後盛碗。
3. 取一碗，將芝麻醬、醬油、糯米醋、糖以45cc熱水調開。
4. 將麵條淋上適量的芝麻醬醬汁，拌勻後，放上紅蘿蔔絲、小黃瓜絲即可食用。

私·房·話 noodle

- 傳統麻醬是用白芝麻做的，現代人因為特別重視養生，因此也有用黑芝麻來做麻醬。麻醬易產生油耗味，因此不能久放，如果是自製的麻醬，通常也不能存放超過兩個月。
- 麻醬要用熱水沖開，味道才能釋放。麻醬通常用做淋醬或沾醬，不適合用於熱炒，除因容易變味、變質，也因麻醬太過燥熱，熱炒有礙健康。

梅干拌麵

材料

陽春麵 100公克
乾梅干菜 50公克
芥蘭菜 50公克
杏鮑菇 30公克
薑 20公克

調味料

醬油 2大匙
鹽 .... ½小匙
糖 .... ⅓小匙
白胡椒粉 .... 少許

做法

1. 乾梅干菜泡開，洗淨，擠乾水分，切末；芥蘭菜洗淨，切段，以滾水汆燙；杏鮑菇洗淨，切絲，以滾水汆燙；薑洗淨去皮，切末，備用。
2. 麵條以滾水煮熟，撈起瀝乾後盛盤。
3. 冷鍋倒入2大匙沙拉油，開小火，炒香薑末、梅干菜末，加入300 cc冷水，以醬油、鹽、糖、白胡椒粉調味，轉中火，把醬汁煮滾後，繼續煮約8分鐘，待收汁入味，即可起鍋。
4. 將麵條淋上適量的梅干菜醬汁，放上芥蘭菜段、杏鮑菇絲，拌勻即可食用。

私·房·話 noodle

- 乾梅干菜含有很多沙，必須要泡開，充分洗淨。

香椿拌麵

材料

粗麵 100公克
高麗菜 70公克
紅蘿蔔 30公克

調味料

香椿醬 2大匙
鹽 .... ¼小匙

做法

1. 高麗菜洗淨，切細絲，以滾水汆燙；紅蘿蔔洗淨去皮，切細絲，以滾水汆燙，備用。
2. 麵條以滾水煮熟，撈起瀝乾後盛碗。
3. 冷鍋倒入香椿醬，開小火炒香，加入50cc冷水，轉中火，把醬汁煮熟，以鹽調味，即可起鍋。
4. 取一盤，將麵條淋上香椿醬醬汁，放上高麗菜絲、紅蘿蔔絲，拌勻即可食用。

私·房·話 noodle

- 香椿醬要用小火炒，才易炒出香味來。
- 香椿拌麵也可以使用細麵，但是粗麵比較有嚼勁。

傻瓜乾麵

材料

陽春麵 100公克
香菜 20公克

調味料

葡萄子油 2大匙
香油 .... ⅓小匙
辣油 .... ⅓小匙
醬油 .... ⅓小匙
糯米醋 .... ⅓小匙

做法

1. 香菜洗淨，切小段，備用。
2. 麵條以滾水煮熟，撈起瀝乾後盛盤。
3. 將葡萄子油、香油拌勻，取一大匙量用於拌麵，拌好麵後，撒上香菜。
4. 食用時，再以辣油、醬油、糯米醋調味，與麵條拌勻即可食用。

私·房·話 noodle

- 傻瓜乾麵的做法簡單、調味不多，食材可以說是少到不能再少，因此有人說只有傻瓜才會點這種麵來吃。但是這種簡單的美味，卻讓很多人甘於做一個快樂的傻瓜。
- 香菜也可以改用九層塔或芹菜。

京醬拌麵

材料

陽春麵……100公克
碧玉筍……50公克
紅椒……20公克

調味料

甜麵醬……2大匙
醬油膏……⅓小匙
勾芡水……適量
（比例：太白粉 2 小匙、水 4 小匙）

做法

1 碧玉筍洗淨，切段，以滾水汆燙；紅椒洗淨，切絲，以滾水汆燙，備用。
2 麵條以滾水煮熟，撈起瀝乾後盛碗。
3 冷鍋倒入甜麵醬、醬油膏，加入100cc冷水，開小火，加入勾芡水，關火起鍋，即是京醬醬汁。
4 將麵條淋上適量的京醬醬汁，拌勻後，放上碧玉筍段、紅椒絲即可食用。

私·房·話 noodle

● 京醬即是甜麵醬。有些人買現成的京醬做料理，卻發現做不出想要的風味。這是因為京醬雖有甜味，但本身仍是偏鹹，需要搭配類似醬油膏的醬料，重新煮過調味，味道才會比較適中。

燃麵

材料

陽春麵 100公克
菠菜 60公克
榨菜 30公克
薑 10公克
碎花生粒 60公克

調味料

麻辣醬 1大匙
辣豆瓣醬 1大匙
醬油 1大匙
糖 1小匙
香油 1大匙

做法

1 菠菜洗淨，切段，以滾水汆燙；榨菜洗淨，切小丁；薑洗淨去皮，切末，備用。
2 麵條以滾水煮熟，撈起瀝乾後盛碗。
3 冷鍋倒入1大匙沙拉油，開小火，將麻辣醬、薑末、辣豆瓣醬、醬油、糖一起拌炒，先加入榨菜丁炒至出味，再加入50cc冷水，轉中火，煮滾，滴入香油，即可起鍋。
4 將麵條淋上適量的辣醬，放上菠菜，撒上碎花生粒，拌勻即可食用。

私·房·話 noodle

● 宜賓燃麵為當地最有名的小吃，麵條裹上了麻辣醬後，油辣得像是可用火點燃，這時爽口的芽菜，可讓麵吃起來麻辣鹹香中帶著甘甜。芽菜是宜賓當地的特產，本道麵改用菠菜，提供另一種口感。

福建拌麵

材料

陽春麵 100公克
尖葉萵苣 30公克

調味料

花生醬 2大匙
醬油 .... ⅓小匙

做法

1. 尖葉萵苣洗淨，切段，以滾水汆燙，撈起瀝乾，備用。
2. 麵條以滾水煮熟，撈起瀝乾後盛碗。
3. 取一碗，將花生醬、醬油以50cc熱水調開。
4. 將麵條淋上適量的花生醬醬汁，拌勻後，放上尖葉萵苣即可食用。

私·房·話 noodle

- 福建拌麵的特色是用花生醬拌麵，味道單純，卻百吃不膩。
- 尖葉萵苣即是俗稱的A菜。

茶油拌麵

材料

白麵線……100公克
豆苗……70公克
老薑……100公克

調味料

苦茶油……250 cc（約半罐）
醬油膏……100cc

做法

1 豆苗洗淨，以滾水汆燙；老薑洗淨，切末，備用。
2 白麵線以滾水煮熟，撈起瀝乾後盛碗。
3 冷鍋倒入苦茶油，開小火，爆香老薑末，炒至轉變為焦黃色，即可關火，以醬油膏調味。
4 取一盤，將豆苗鋪於盤底，放上白麵線，淋上適量的茶油醬汁，拌勻即可食用。

私·房·話 noodle

- 白麵線與紅麵線看似兩種不同的麵，其實白麵線蒸過後，就會變成紅色的紅麵線。茶油拌麵適合使用白麵線，紅麵線較不適合，因為經過久蒸後，紅麵線的彈牙度不及白麵線，但是耐煮度會增加。耐煮的紅麵線適合做需要久煮的料理，例如麵線糊。
- 老薑切末時，不必去皮，但需刷洗乾淨。
- 茶油醬汁不只適用於拌麵，拌飯、燙青菜都非常好用。

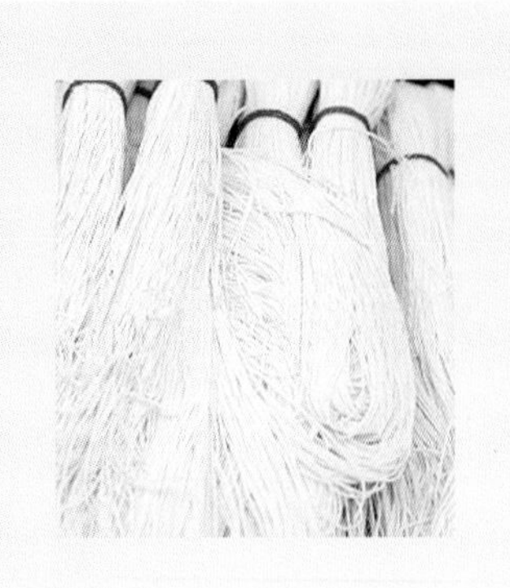

PART 2

炒麵&燴麵

● 臺式炒麵 ● 客家炒麵 ● 關廟炒麵
● 乾煎兩面黃 ● 山東炒碼麵 ● 雪菜炒麵 ● 咖哩炒麵
● 什錦炒麵 ● 雙瓜燴菇麵 ● 麻婆豆腐燴麵

臺式炒麵

材料

細麵 150公克
小白菜 50公克
豆干 30公克
紅蘿蔔 20公克
乾香菇 5公克
芹菜 20公克

調味料

醬油 1小匙
糖 ½小匙
鹽 ⅓小匙
香油 少許
白胡椒粉 少許
烏醋 ⅓小匙

做法

1. 小白菜洗淨，切段；豆干洗淨，切絲；紅蘿蔔洗淨去皮，切絲；乾香菇泡開，擠乾水分，切絲；芹菜洗淨，切小段，備用。
2. 麵條以滾水煮至九分熟，撈起瀝乾盛盤。
3. 冷鍋倒入1小匙沙拉油，開小火，炒香豆干絲、紅蘿蔔絲、香菇絲後，加入小白菜段、100cc冷水一起拌炒至熟，以醬油、糖、鹽、香油、白胡椒粉調味。
4. 加入麵條，淋上烏醋，轉大火，快速拌炒入味，最後加入芹菜段炒熟，即可起鍋。

私·房·話 noodle

- 臺式炒麵的特色是加烏醋，可以增加麵的香氣。
- 傳統的臺式炒麵與客家炒麵，用的是黃色的油麵。油麵的黃色是因在製作過程中加入鹼水，而使麵條變成黃色，並富有彈牙口感。由於市售油麵製作時，通常會添加化學鹼與黃色食用色素，有礙健康，因此建議改用一般常用的白麵條。
- 麵條只需要煮至九分熟即可，讓麵心保留一點生白色，如此在熱炒時才不會炒至糊爛。
- 在炒料時，加水的目的是為以水代替油，便於拌炒，避免鍋子太乾，會讓麵條黏鍋，此外，加水也可以讓麵條充分吸收湯汁的精華，容易入味。
- 要等炒料炒好後，再加入麵條一起拌炒，如此麵條較易入味。
- 炒麵條時，要由小火轉為大火快炒，除讓麵條快熟，並可避免湯汁過多，使得麵條糊化。

客家炒麵

材料

陽春麵……150公克
豆包……70公克
酸菜……20公克
紅蘿蔔……20公克
芹菜……20公克

調味料

醬油……1大匙
糖……½小匙
白胡椒粉……少許

做法

1. 豆包洗淨，瀝乾水分；酸菜洗淨，擠乾水分，切絲；紅蘿蔔洗淨去皮，切絲；芹菜洗淨，切小段，備用。
2. 冷鍋倒入1小匙沙拉油，開中小火煎豆包，將兩面煎至金黃色，即可起鍋，放涼後，切絲。
3. 麵條以滾水煮至九分熟，撈起瀝乾盛盤。
4. 另取一鍋，倒入1小匙沙拉油，開小火，加入酸菜絲、紅蘿蔔絲、豆包絲一起拌炒，以醬油、糖、白胡椒粉調味。
5. 加入麵條，轉大火，快速拌炒入味，最後加入芹菜段炒熟，即可起鍋。

私·房·話 noodle

- 「鹹、香、肥」是客家菜的特色，這是因為傳統客家生活非常刻苦辛勞，從事勞動量大的工作容易流汗，所以需要能補充大量鹽分的鹹味食物，以及可以耐飽、補充熱量的食物。因此客家炒麵也偏重香鹹口味，需要乾炒出讓人食指大動的香氣。
- 客家炒麵的乾炒要訣是，炒至水分收乾，便關火起鍋。

關廟炒麵

材料

關廟麵	150公克
大白菜	50公克
竹筍	30公克
紅蘿蔔	20公克
香菜	20公克

調味料

醬油	1小匙
糖	½小匙
白胡椒粉	少許

做法

1. 大白菜洗淨，瀝乾水分，用手剝片；竹筍剝除外殼，切絲，以滾水氽燙；紅蘿蔔洗淨去皮，切絲；香菜洗淨，切小段，備用。
2. 關廟麵以滾水煮至九分熟，撈起瀝乾盛盤。
3. 冷鍋倒入1小匙沙拉油，開小火，加入筍絲、紅蘿蔔絲、大白菜片一起拌炒至熟，以醬油、糖、白胡椒粉調味。
4. 加入麵條，轉大火，快速拌炒入味，待水分收乾，撒上香菜段，即可起鍋。

私·房·話 noodle

- 關廟麵是臺南縣關廟鄉的傳統麵，不像一般麵條容易煮糊，具有久煮不爛、香滑柔嫩的特色，不論是煮湯麵或做炒麵都很可口。

乾煎兩面黃

材料

細麵	150公克
鮑魚菇	50公克
紅椒	20公克
黃椒	20公克
青椒	20公克
薑	10公克

調味料

鹽	½小匙
醬油	⅓小匙
糖	½小匙
香油	適量
勾芡水	適量

（比例：太白粉2小匙、水4小匙）

做法

1 鮑魚菇洗淨，擠乾水分，切長條；紅椒、黃椒、青椒洗淨去子，切絲；薑洗淨去皮，切絲，備用。

2 麵條以滾水煮熟，撈起瀝乾盛盤。

3 取一平底鍋，加入1大匙沙拉油，開中小火，放入麵條乾煎，一面煎至酥黃再翻面，其間不需翻炒。兩面煎至酥黃，即可盛盤。

4 鍋子不關火，加入薑絲、鮑魚菇條、紅椒絲、黃椒絲、青椒絲、100cc水一起拌炒至熟，以鹽、醬油、糖調味，轉小火，倒入勾芡水，轉中火煮滾，滴入香油，即可起鍋。

5 將芡汁淋在煎好的麵條上即完成。

私·房·話 noodle

- 因為油煎麵條較不易熟，製作此道料理前，需將麵條煮熟。
- 兩面黃要將麵條用中小火慢慢煎，以免煎焦。
- 勾芡時轉小火的目的是，因為有些人的速度過慢，勾芡可能會勾到結塊，不如轉小火慢慢勾芡。如果勾芡的速度很快，就不必特別轉小火。
- 淋上芡汁，可以讓麵條較為滑口。

山東炒碼麵

材料

拉麵	150公克
大白菜	50公克
蒟蒻	30公克
豆干	30公克
新鮮黑木耳	10公克
碧玉筍	30公克
紅辣椒	10公克
薑	10公克

調味料

醬油	1大匙
鹽	¼小匙
糖	⅓小匙
白醋	½小匙
辣椒粉	½小匙

做法

1. 大白菜洗淨，瀝乾水分，切小段；蒟蒻洗淨，切長條；豆干洗淨，切絲；新鮮黑木耳洗淨，切絲；碧玉筍洗淨，切絲；紅辣椒洗淨去子，切絲；薑洗淨去皮，切絲，備用。
2. 麵條以滾水煮熟，撈起瀝乾盛盤。
3. 冷鍋倒入⅓大匙沙拉油，開小火，加入蒟蒻條、豆干絲，以醬油煮至上色。
4. 加入黑木耳絲、薑絲炒香，再加入大白菜段、碧玉筍絲、紅辣椒絲一起拌炒至熟，以鹽、糖、白醋、辣椒粉調味。
5. 加入麵條，轉大火，快速拌炒入味，即可起鍋。

私·房·話 noodle

- 由於拉麵的麵條較粗，所以要先煮熟，再與其他食材拌炒。
- 本道炒麵屬於重口味，如果覺得炒得太鹹、太辣，可以再加入適量的大白菜或麵條調整。

雪菜炒麵

材料

細麵	100公克
雪菜	50公克
杏鮑菇	30公克
紅辣椒	10公克
薑	10公克

調味料

醬油	1大匙
鹽	⅓小匙
白胡椒粉	少許
香油	少許

做法

1. 雪菜洗淨，切小段；杏鮑菇洗淨，切絲；紅辣椒洗淨去子，切絲；薑洗淨去皮，切絲，備用。
2. 麵條以滾水煮至九分熟，撈起瀝乾盛盤。
3. 冷鍋倒入1大匙沙拉油，開小火，炒香雪菜段、薑絲，再加入杏鮑菇絲、100cc冷水一起拌炒至熟，以醬油、鹽、白胡椒粉調味。
4. 放入紅辣椒絲、麵條，轉大火，快速拌炒入味，滴入香油，即可起鍋。

私·房·話 noodle

- 由於雪菜是醃製品，本身已有鹹度，因此烹調前，要先試味道鹹淡，再做調整。如果覺得鹹度足夠，可不再加鹽。
- 炒雪菜時，油量可以加多一些，炒起來的味道比較不會有澀味。
- 炒麵時為避免黏鍋，可在水分快收乾時就關火，如此便不會焦鍋。

咖哩炒麵

材料

陽春麵 100公克
豆包 40公克
油菜 30公克
紅蘿蔔 10公克

調味料

咖哩粉 1大匙
鹽 .... ⅓小匙
糖 .... ¼小匙

做法

1. 豆包洗淨，瀝乾水分；油菜洗淨，切段；紅蘿蔔洗淨，切絲，備用。
2. 麵條以滾水煮至九分熟，撈起瀝乾盛盤。
3. 冷鍋倒入1小匙沙拉油，開中小火煎豆包，將兩面煎至金黃色，即可起鍋，放涼，切絲。
4. 另取一鍋，倒入⅓小匙沙拉油，開小火，加入紅蘿蔔絲、100cc冷水，以咖哩粉、鹽、糖調味，再加入豆包絲、油菜段一起拌炒。
5. 加入麵條，轉大火，快速拌炒入味，即可起鍋。

私·房·話 noodle

- 烹調時要先加水，後放咖哩粉，這樣咖哩的顏色才不會變黑，味道不會變苦。

什錦炒麵

材料

細麵	100公克
高麗菜	30公克
玉米筍	20公克
新鮮黑木耳	10公克
乾金針	5公克
香菜	10公克
薑	10公克

調味料

鹽	¼小匙
糖	¼小匙
醬油	1大匙
白胡椒粉	少許
香油	少許

做法

1. 高麗菜洗淨，切絲；玉米筍洗淨，切絲；新鮮黑木耳洗淨，切絲；乾金針洗淨泡開，打結；香菜洗淨，切段；薑洗淨去皮，切絲，備用。
2. 麵條以滾水煮至九分熟，撈起瀝乾盛盤。
3. 冷鍋倒入⅓大匙沙拉油，開小火，炒香薑絲、黑木耳絲後，再加入高麗菜絲、玉米筍絲、金針、100cc冷水一起拌炒至熟，以鹽、糖、醬油、白胡椒粉調味。
4. 放入麵條，轉大火，快速拌炒入味，滴入香油，撒上香菜段，即可起鍋。

私·房·話 noodle

● 什錦的意思是指多樣的食材。做什錦炒麵，不一定要特意買菜，可以使用家中剩菜，將剩菜切成細絲即可。

雙瓜燴菇麵

材料

寬麵 100公克
絲瓜 200公克
南瓜 200公克
秀珍菇 50公克
嫩薑 10公克

調味料

鹽 .... ½小匙
香油 .... 少許

做法

1. 絲瓜洗淨去皮，切長條；秀珍菇洗淨，切長條；南瓜洗淨去皮、切塊去子，加入200cc冷水，用果汁機打成汁；嫩薑洗淨去皮，切絲，備用。
2. 麵條以滾水煮熟，撈起瀝乾盛盤，拌入適量的油。
3. 冷鍋倒入⅓大匙沙拉油，開小火，爆香薑絲後，加入絲瓜條、秀珍菇條一起拌炒，再加入南瓜汁炒熟，以鹽調味，即可盛盤。
4. 將雙瓜燴菇汁淋在麵條上，最後滴入香油，即可食用。

私房話 noodle

● 南瓜打汁的目的，是用來勾芡的，這道麵的濃稠度很高，不需要再以太白粉勾芡。但如果還是習慣更濃稠的燴汁，可以加入適量的太白粉勾芡。

麻婆豆腐燴麵

材料

細麵	100公克
傳統豆腐	100公克
新鮮香菇	50公克
荸薺	4粒
薑	10公克
香菜	10公克

調味料

辣豆瓣醬	2小匙
醬油	⅓小匙
花椒粉	⅓小匙
糖	⅓小匙
香油	¼小匙
勾芡水	適量

（比例：太白粉2小匙、水4小匙）

做法

1. 傳統豆腐洗淨，切小塊；新鮮香菇洗淨，切小塊；荸薺洗淨去皮，切末；薑洗淨去皮，切末；香菜洗淨，切小段，備用。
2. 麵條以滾水煮熟，撈起瀝乾盛盤，拌入適量的油。
3. 冷鍋倒入⅓大匙沙拉油，開小火，爆香薑末、香菇塊、荸薺末後，加入200cc冷水，轉中火，以辣豆瓣醬、醬油、花椒粉、糖調味。
4. 燴汁煮滾後，加入豆腐塊煮至入味，轉小火，倒入勾芡水，轉中火煮滾。
5. 將麻婆豆腐燴汁淋在麵條上，滴入香油，撒上香菜段即可食用。

私·房·話 noodle

- 喜歡辣味的朋友，也可以選用乾辣椒與花椒一起炒香，做成宮保口味的麻婆豆腐。

PART 3

湯麵&羹麵

Noodle soup

● 臭豆腐湯麵 ● 搶鍋麵 ● 丸子麵 ● 香菇煨麵
● 溫州大餛飩麵 ● 鍋燒意麵 ● 味噌豆皮麵 ● 臺南擔仔麵
● 養生麵 ● 紅燒麵 ● 山西麵疙瘩 ● 陽春麵
● 杏鮑菇麵 ● 酸菜麵 ● 大滷麵 ● 酸辣麵

臭豆腐湯麵

材料

細麵 ………… 100公克
臭豆腐 ………… 50公克
酸菜 ………… 20公克
青江菜 ………… 30公克

調味料

辣豆瓣醬 ………… 1大匙
糖 ………… 1大匙
鹽 ………… ⅓小匙
醬油 ………… ⅓小匙

做法

1 酸菜洗淨，切片；青江菜洗淨，切段，備用。
2 麵條以滾水煮熟，撈起瀝乾後盛碗。
3 冷鍋倒入1大匙沙拉油，開小火，加入辣豆瓣醬與酸菜片拌炒均勻，再加入700cc冷水，以糖、鹽、醬油調味。
4 放入臭豆腐煮約30分鐘，煮至入味後，加入青江菜略煮，即可起鍋。
5 將麵條淋上臭豆腐湯即可食用。

私·房·話 noodle

● 臭豆腐適合搭配酸菜與辣豆瓣醬，能帶出臭豆腐的風味。

搶鍋麵

材料

粗麵 …… 100公克
高麗菜 …… 30公克
番茄 …… 30公克
豆包 …… 30公克
薑 …… 10公克

調味料

醬油 …… ⅓小匙
鹽 …… ¼小匙
香油 …… ¼小匙

做法

1. 高麗菜洗淨，切絲；番茄洗淨，切片；豆包洗淨，用手撕段；薑洗淨去皮，切片，備用。
2. 冷鍋倒入1大匙沙拉油，開小火，炒香薑片，轉中火，加入豆包快炒至微焦，即可盛碗。
3. 冷鍋倒入½小匙沙拉油，加入高麗菜略炒後，再加入蕃茄片、豆包，轉大火快炒，起鍋前以醬油、鹽調味。
4. 另取一裝400cc冷水的小湯鍋，待水滾後加入麵條煮至半熟，再加入炒熟的麵料，以小火燉煮至麵條熟透，滴入香油，即可起鍋。

私·房·話 noodle

- 「搶鍋麵」不容易在麵店吃到，想吃不如自己在家煮。搶鍋的特色是鍋內的麵料以旺火快炒出焦香味後，要移入煮麵的湯鍋繼續燉煮，因此通常會使用兩個鍋子，一個是用於炒菜的炒菜鍋，另一個則是煮麵的小湯鍋。

丸子麵

材料

細麵 …… 100公克
丸子 …… 4粒
新鮮香菇 …… 50公克
菠菜 …… 20公克
芹菜 …… 10公克
薑 …… 10公克

調味料

鹽 …… ⅓小匙
糖 …… ¼小匙
白胡椒粉 …… 少許

做法

1 新鮮香菇洗淨，切片；菠菜洗淨，切段；芹菜洗淨，切段；薑洗淨去皮，切片，備用。
2 麵條以滾水煮熟，撈起瀝乾後盛碗。
3 冷鍋倒入1大匙沙拉油，開小火，炒香薑片、芹菜段後，撈除薑片、芹菜段。加入香菇片與300cc冷水煮滾後，加入菠菜段、丸子略煮，以鹽、糖調味，即可起鍋。
4 將麵條淋上丸子湯，撒上白胡椒粉，即可食用。

丸子DIY

材料：中筋麵粉2大匙、馬鈴薯200公克、乾香菇10公克、紅蘿蔔20公克、荸薺20公克

調味料：鹽⅓小匙、糖少許、白胡椒粉少許、玉米粉⅓小匙

做法：
1. 馬鈴薯洗淨去皮，蒸熟，壓泥；乾香菇泡開，擠乾水分，切細末；紅蘿蔔洗淨去皮，切細末；荸薺洗淨去皮，切細末，備用。
2. 取一碗，加入馬鈴薯泥、香菇末、紅蘿蔔末、荸薺末，以鹽、糖、白胡椒粉、玉米粉調味，一起拌勻後，抓成4粒丸子。
3. 將丸子放在抹油的盤子上，移入蒸籠蒸約10分鐘，即可取出，放涼。
4. 冷鍋倒入1大匙沙拉油，開小火，將丸子煎香即可。

私·房·話 noodle

- 薑片與芹菜段炒香後撈除的原因，是只需要取其味道而已。
- 豆包、豆腐、馬鈴薯等，都是常用來做素丸子的食材。此處以煎法取代炸法，除可保持丸子的香味與硬度，口感更為清爽不油膩。

香菇煨麵

材料

細麵 100公克
新鮮香菇 30公克
青江菜 20公克
紅蘿蔔 10公克
香菇高湯 400cc

調味料

鹽 .... ¼小匙
醬油 .... ⅓小匙
香油 .... ¼小匙

做法

1 新鮮香菇洗淨，切片；青江菜洗淨；紅蘿蔔洗淨去皮，切片，備用。
2 冷鍋倒入香菇高湯，開中大火放入麵條，加入香菇片、紅蘿蔔片，待湯滾沸，以鹽、醬油、香油調味。
3 加入青江菜，即可起鍋盛碗。

香菇高湯DIY

材料：乾香菇50公克、黃豆芽300公克、紅蘿蔔100公克、白蘿蔔100公克

做法：1. 乾香菇泡開；黃豆芽洗淨；紅蘿蔔、白蘿蔔洗淨去皮，切大塊，備用。
2. 取一鍋，倒入5000cc冷水，加入香菇、黃豆芽、紅蘿蔔塊、白蘿蔔塊，以大火煮滾。
3. 滾沸後，改以中小火，繼續保持滾狀，煮1小時，即可關火。

私·房·話 noodle

- 煨法常用於烹製不易軟爛的食材，傳統都是以小火慢慢燉煮，但是近年也有用大火煮的煨法。由於麵條不適合長時間燉煮，因此需要先煮好高湯，再加入麵條。煨麵的特色即是將麵條以高湯熬煮，讓麵條可以充分吸收湯汁精華。
- 高湯因需要長時間熬煮，所以不宜做調味，會愈煮愈鹹。調味要在做料理時加入，味道才會可口。

溫州大餛飩麵

材料

細麵	100公克
餛飩	5粒
小白菜	20公克
榨菜	10公克
海苔絲	5公克
芹菜	10公克
香菜	10公克
香菇高湯	400ccc

調味料

醬油	¼小匙
糖	½小匙
鹽	⅓小匙
白胡椒粉	少許
香油	¼小匙

做法

1. 小白菜洗淨，切段；榨菜洗淨，切絲；芹菜洗淨，切末；香菜洗淨，切末；備用。
2. 麵條以滾水煮熟，撈起瀝乾盛碗。
3. 冷鍋倒入香菇高湯，以大火煮至滾沸，以醬油、糖、鹽調味，加入餛飩、小白菜段、榨菜絲，待湯再度滾沸，即可起鍋。
4. 將麵條淋上餛飩湯，撒上白胡椒粉，滴入香油，撒上芹菜末、香菜末、海苔絲即可食用。

溫洲大餛飩DIY

材料：餛飩皮18張、豆包150公克、紅蘿蔔20公克、新鮮香菇20公克、芹菜20公克、太白粉10公克

調味料：糖½小匙、鹽⅓小匙

做法：1. 豆包洗淨，切末；紅蘿蔔洗淨去皮，切末；新鮮香菇洗淨，切末；芹菜洗淨，切末，備用。

2. 將豆包末、紅蘿蔔末、香菇末、芹菜末加入太白粉，攪拌均勻，以糖、鹽調味。

3. 將餡料包入餛飩皮即可。

私·房·話 noodle

● 素食小吃店大部分都會賣餛飩麵，但是有些餛飩的餡料由於使用的粉量過多，加上重口味的素肉，吃起來的口感不夠清爽可口。而且在素食小吃店比較難吃到大粒的溫洲大餛飩，因此特別推薦大家不妨在家做看看。

鍋燒意麵

材料

意麵 ………… 100公克
紅蘿蔔 ………… 10公克
新鮮黑木耳 ………… 10公克
新鮮香菇 ………… 20公克
空心菜 ………… 30公克
蔬果高湯 ………… 400cc

調味料

素沙茶醬 ………… ¼小匙
醬油 ………… ¼小匙
糖 ………… ¼小匙
鹽 ………… ¼小匙
白胡椒粉 ………… 少許
香油 ………… ¼小匙

做法

1 紅蘿蔔洗淨去皮，切絲；新鮮黑木耳洗淨，切絲；新鮮香菇洗淨，切絲；空心菜洗淨，切段，備用。
2 麵條以滾水煮熟，撈起瀝乾後盛碗。
3 冷鍋倒入蔬果高湯，加入紅蘿蔔絲、黑木耳絲、香菇絲，以素沙茶醬、醬油、糖、鹽調味，煮至滾沸，再加入空心菜段煮熟，即可起鍋。
4 將麵條淋上湯汁，撒上白胡椒粉，滴入香油即可食用。

蔬果高湯DIY

材料：紅蘿蔔100公克、黃豆芽300公克、鳳梨200公克、蘋果200公克

做法：1. 紅蘿蔔洗淨去皮，切大塊；黃豆芽洗淨；鳳梨去皮，切大塊；蘋果洗淨去皮，切大塊，備用。
2. 取一鍋，倒入5000cc冷水，加入紅蘿蔔塊、黃豆芽、鳳梨塊、蘋果塊，以大火煮滾。
3. 滾沸後，改以中小火，繼續保持滾狀，煮1小時，即可關火。

私·房·話 noodle

- 意麵是臺灣的特色麵食，不論是拌麵、炒麵，或是湯麵皆適合。但是要注意所買的意麵是否為無蛋的純素麵。
- 煮蔬果高湯時，由於湯有濃厚水果味，因此在烹調時，選擇的蔬果種類不宜太雜太多。

味噌豆皮麵

材料

陽春麵 …… 100公克
豆皮 …… 100公克
海苔絲 …… 10公克
芹菜 …… 20公克

調味料

味噌 …… 1大匙
糖 …… ¼小匙

做法

1 豆皮洗淨；芹菜洗淨，切末，備用。
2 麵條以滾水煮熟，撈起瀝乾後盛碗。
3 冷鍋倒入1小匙沙拉油，開中小火煎豆包，將兩面煎至焦黃，即可起鍋，放涼，每塊切成四等份。
4 鍋內倒入300cc水與味噌，開中火煮滾，以糖調味，即可起鍋。
5 將麵條淋上味噌湯，放上豆皮塊、海苔絲，最後撒上芹菜末即可食用。

私·房·話 noodle

- 由於味噌本身即有鹹味，因此不必再加鹽或醬油。
- 味噌湯不能煮太久，以免破壞營養成分。

臺南擔仔麵

材料

細麵……80公克
傳統豆腐……50公克
蒟蒻……30公克
綠豆芽……20公克
芹菜……10公克
薑……10公克
香菇高湯……300cc

調味料

鹽……¼小匙
醬油……2⅓小匙
糖……⅓小匙
白胡椒粉……少許
香油……¼小匙

做法

1 傳統豆腐洗淨，切丁；蒟蒻洗淨，切丁；綠豆芽洗淨；芹菜洗淨，切末；薑洗淨去皮，切片，備用。
2 麵條以滾水煮熟，撈起瀝乾後盛碗。
3 冷鍋倒入1大匙沙拉油，開小火，炒香薑片，把薑片撈起，加入豆腐丁、蒟蒻丁，先以2小匙醬油、糖調味，炒至上色，再加入香菇高湯，轉大火，煮至滾沸入味，再以⅓小匙醬油調色，加入綠豆芽略煮，即可起鍋。
4 將麵條淋上滷味與滷汁，撒上芹菜末、白胡椒粉，滴入香油即可食用。

私·房·話 noodle

● 擔仔麵比較重視「食巧不食飽」，是小吃點心而非正餐。而除了湯頭，放在麵上的獨門素燥或滷味，就成為各家素食小吃店一較高下的地方了。

養生麵

材料

細麵……100公克
猴頭菇……30公克
枸杞……10公克
紅棗……20公克

調味料

藥膳包……1包
鹽……¼小匙

做法

1 猴頭菇洗淨，切塊；枸杞以冷開水泡開後，瀝乾水分；紅棗洗淨，備用。
2 麵條以滾水煮熟，撈起瀝乾後盛碗。
3 冷鍋倒入1大匙沙拉油，開小火，加入猴頭菇塊煎焦，即可起鍋。
4 冷鍋倒入500cc冷水，加入藥膳包、枸杞、紅棗、猴頭菇塊，煮約半小時，待藥膳包煮出中藥香味後，以鹽調味，即可起鍋。
5 將麵條淋上藥膳湯即可食用。

私·房·話 noodle

● 藥膳包是由許多種中藥配製而成的，每家中藥行都有自己的藥膳包配方。配方內容大多為紅棗、川芎、桂枝、當歸、枸杞、何首烏、參鬚、黨參、黃耆等，取其中幾樣中藥材調配的。藥膳包通常有大、小包之分，六人份小包約需煮30分鐘，十人份大包約需煮1小時。烹煮時，直接整包浸泡在湯鍋裡即可。

紅燒麵

材料

- 細麵 100公克
- 紅蘿蔔 20公克
- 白蘿蔔 20公克
- 番茄 20公克
- 乾香菇 5公克
- 冷凍豆腐 30公克

調味料

- 蕃茄醬 2大匙
- 辣豆瓣醬 ⅓小匙
- 醬油 ¼小匙
- 糖 1大匙
- 鹽 ¼小匙
- 滷包 1包

做法

1. 紅蘿蔔、白蘿蔔洗淨去皮，切塊；番茄洗淨，切塊；乾香菇泡開，擠乾水分，切塊；冷凍豆腐洗淨，瀝乾水分，切塊，備用。
2. 麵條以滾水煮熟，撈起瀝乾後盛碗。
3. 冷鍋倒入1大匙沙拉油，開小火，先炒番茄塊，以番茄醬、辣豆瓣醬、醬油、糖、鹽調味，拌炒至入味，再加入500cc冷水、滷包、紅蘿蔔塊、白蘿蔔塊、香菇塊、豆腐塊，轉中火，讓湯保持滾沸狀，煮約半小時，待滷包煮出中藥香味，食材入味後，即可起鍋。
4. 將麵條淋上紅燒湯即可食用。

私·房·話 noodle

- 紅燒湯的味道是多種中藥材及辛香料綜合而成，因此每個人所煮出的味道會有所不同。
- 滷包可以自己配製，成分為：當歸1片、甘草5片、八角5粒、生地1片、肉桂1片、山奈3片、花椒¼小匙、白胡椒粒¼小匙、黑胡椒粒¼小匙、小茴香½小匙、丁香8粒。
- 由於滷包味道很濃厚，會蓋過香油的味道，因此不必再加香油。

山西麵疙瘩

材料

麵疙瘩 …… 100公克
番茄 …… 100公克
豆包 …… 30公克
新鮮黑木耳 …… 10公克
扁豆 …… 20公克
薑 …… 10公克

調味料

醬油 …… ¼小匙
鹽 …… ¼小匙
糖 …… ¼小匙
香油 …… ¼小匙

做法

1. 番茄洗淨，切片；豆包洗淨，切片；新鮮黑木耳洗淨，切片；扁豆洗淨，去頭尾；薑洗淨，切片，備用。
2. 冷鍋倒入1大匙沙拉油，開小火，炒香薑片，加入番茄片、黑木耳片、豆包片炒熟，加入400cc冷水，以醬油、鹽、糖調味，轉大火，煮至滾沸，再加入扁豆煮熟，滴入香油，即可起鍋。
3. 將麵疙瘩淋上番茄湯即可食用。

麵疙瘩DIY

材料：中筋麵粉300公克、鹽1小匙、冷水150cc

做法：
1. 將中筋麵粉倒入盆內，加入鹽與冷水，攪拌成糰。
2. 麵糰先靜置15分鐘，再揉至光滑。
3. 將麵糰搓成長條型，用手揪成麵片。
4. 麵疙瘩以滾水煮熟，撈起瀝乾盛碗即可。

私·房·話 noodle

- 麵疙瘩是許多人愛吃的家常麵食，但是很多人做的麵疙瘩吃起來過於軟爛，關鍵在於麵片。在將長條麵糰揪成麵片時，要在揪時聽到麵片裂開的聲音，表示麵糰的靜置時間足夠，麵片的彈性飽滿。

陽春麵

材料

陽春麵	100公克
小白菜	30公克
芹菜	10公克
香菜	10公克
昆布高湯	300cc

調味料

鹽	¼小匙
醬油	⅓小匙
白胡椒粉	少許
香油	¼小匙

做法

1 小白菜洗淨，切段；芹菜洗淨，切末；香菜洗淨，切末，備用。

2 麵條以滾水煮熟，撈起瀝乾後盛碗。

3 冷鍋倒入昆布高湯，煮至滾沸，加入小白菜段略煮，以鹽、醬油調味，即可起鍋。

4 將麵條淋上小白菜湯，撒上芹菜末、香菜末與白胡椒粉，最後滴入香油即可食用。

昆布高湯DIY

材料：昆布50公克、紅蘿蔔100公克、西洋芹50公克、黃豆芽300公克、玉米100公克

做法：
1. 昆布剪段；紅蘿蔔洗淨去皮，切大塊；西洋芹洗淨，切大塊；黃豆芽洗淨；玉米洗淨切段，備用。
2. 取一鍋，倒入5000cc冷水，加入昆布段、紅蘿蔔塊、西洋芹塊、黃豆芽、玉米塊，以大火煮滾。
3. 滾沸後，改以中小火，繼續保持滾狀，煮1小時，即可關火。

私·房·話 noodle

- 陽春麵是一種簡便的清湯麵，是只有湯的麵條，不添加菜餚做搭配。由於價格便宜，又可以節省吃麵的時間，因此深受歡迎。
- 煮高湯時，昆布的用量不要加太多，增多用量反而影響風味。西洋芹也只能放少許，因為它會搶味，也就是喧賓奪主破壞高湯的味道。

杏鮑菇麵

材料

陽春麵	100公克
杏鮑菇	20公克
地瓜葉	20公克
冬菜	10公克
香菜	10公克
牛蒡高湯	300cc

調味料

鹽	⅓小匙
糖	¼小匙
白胡椒粉	少許

做法

1. 杏鮑菇洗淨，切片；地瓜葉摘取葉片，不要菜莖，洗淨；冬菜洗淨，切末；香菜洗淨，切末，備用。
2. 麵條以滾水煮熟，撈起瀝乾後盛碗。
3. 冷鍋倒入1大匙沙拉油，開小火，煎香杏鮑菇片，加入冬菜、牛蒡高湯一起煮滾，再加入地瓜葉略煮，以鹽、糖調味，即可起鍋。
4. 將麵條淋上熱湯，撒上香菜末、白胡椒粉即可食用。

牛蒡高湯DIY

材料：牛蒡300公克、紅棗30粒、紅蘿蔔100公克、當歸少許

做法：
1. 牛蒡洗淨，切約3公分段；紅棗洗淨；紅蘿蔔洗淨去皮，切大塊；當歸洗淨，備用。
2. 取一鍋，倒入5000cc冷水，加入牛蒡段、紅棗、紅蘿蔔塊、當歸，以大火煮滾。
3. 滾沸後，改以中小火，繼續保持滾狀，煮1小時，即可關火。

私·房·話 noodle

- 菇類食材可增加麵的鮮美度。杏鮑菇煎過，可讓口感更加香脆。

酸菜麵

材料

陽春麵 ……… 100公克
酸菜 ……… 50公克
芹菜 ……… 10公克
香菜 ……… 10公克
薑 ……… 10公克
鮮菇高湯 ……… 300cc

調味料

鹽 ……… 適量
白胡椒粉 ……… 少許

做法

1 酸菜洗淨，擠乾水分，切末；芹菜洗淨，切末；香菜洗淨，切末；薑洗淨去皮，切末，備用。
2 麵條以滾水煮熟，撈起瀝乾後盛碗。
3 冷鍋倒入2大匙沙拉油，開小火，炒香薑末、酸菜末，加入鮮菇高湯，煮滾後，以鹽調味，即可起鍋。
4 將麵條淋上酸菜湯，撒上芹菜末、香菜末與白胡椒粉即可食用。

鮮菇高湯DIY

材料：秀珍菇100公克、美白菇100公克、西洋芹50公克、薑10公克

做法：
1. 秀珍菇、美白菇洗淨；西洋芹洗淨，切大塊；薑洗淨，切片，備用。
2. 取一鍋，倒入3000cc冷水，加入秀珍菇、美白菇、西洋芹塊、薑片，以大火煮滾。
3. 滾沸後，改以中小火，繼續保持滾狀，煮30分鐘，即可關火。

私·房·話 noodle

- 酸菜是酸菜麵的主角，要選用優質的酸菜。酸菜的酸度會影響調味，如果所選的酸菜鹹味較重，煮前要注意調味的鹹淡。
- 芹菜末、香菜末一起加，味道更香。

大滷麵

材料

粗麵 …… 100公克
乾香菇 …… 10公克
高麗菜 …… 50公克
豆包 …… 30公克
紅蘿蔔 …… 20公克
香菜 …… 20公克

調味料

醬油 …… 1大匙
鹽 …… ¼小匙
糖 …… ¼小匙
勾芡水 …… 適量
（比例：太白粉2小匙、水4小匙）

做法

1 乾香菇泡開，擠乾水分，切絲；高麗菜洗淨，切絲；豆包洗淨，瀝乾水分，用手撕為絲狀；紅蘿蔔洗淨去皮，切絲；香菜洗淨，切小段，備用。
2 麵條以滾水煮熟，撈起瀝乾後盛碗。
3 冷鍋倒入⅓大匙沙拉油，香菇絲、紅蘿蔔絲、高麗菜絲，以中火炒熟，加入400cc冷水，轉大火，煮滾後，以醬油、鹽、糖調味，撒上豆包絲，轉小火，倒入勾芡水，再轉中火煮滾，即可起鍋。
4 將麵條淋上大滷湯，撒上香菜段，滴入香油即可食用。

私·房·話 noodle

- 傳統的大滷麵做法要加蛋花，此處以豆包取代蛋花，因此豆包不能用油炸過，也不能用刀切，才能有蛋花般的滑嫩感。
- 粗麵的麵身為圓型，寬麵的麵身則較寬扁，兩者的口感不同，可隨個人喜愛選擇。通常寬麵適合煮陽春麵一類的清湯麵，而粗麵適合煮大滷麵、酸辣麵一類做勾芡的羹麵。

酸辣麵

材料

粗麵 100公克
竹筍 20公克
金針菇 20公克
紅蘿蔔 10公克
新鮮黑木耳 10公克
香菜 10公克

調味料

醬油 ...... 2 大匙
糯米醋 ...... ½ 小匙
糖 ...... ¼ 小匙
烏醋 ...... ½ 小匙
白胡椒粉 ...... ¼ 小匙
黑胡椒粉 ...... ¼ 小匙
香油 ...... ¼ 小匙
勾芡水 ...... 適量
（比例：太白粉2小匙、水4小匙）

做法

1. 竹筍剝除外殼，切絲，以滾水煮熟；金針菇洗淨，除去尾部，切小段；紅蘿蔔洗淨去皮，切絲；新鮮黑木耳洗淨，切絲；香菜洗淨，切小段，備用。
2. 麵條以滾水煮熟，撈起瀝乾後盛碗。
3. 冷鍋倒入⅓大匙沙拉油，開小火，加入筍絲、金針菇段、紅蘿蔔絲、黑木耳絲，待炒熟後，以醬油、糯米醋、糖調味，加入400cc冷水，用大火煮滾後，轉小火，倒入勾芡水，再轉大火煮滾，滴入烏醋，撒上白胡椒粉、黑胡椒粉，即可起鍋。
4. 將麵條淋上酸辣湯，撒上香菜段，滴入香油即可食用。

私·房·話 noodle

● 很多人煮酸辣湯都容易失敗，煮得不夠味，主要關鍵在於沒有讓醋與胡椒粉發揮應有的功能。酸辣湯的酸味是來自醋的酸味，辣味則是來自胡椒的辣味。雖然同樣都是醋，但是糯米醋與烏醋的功用不同，糯米醋提供酸度，烏醋則是增加香氣。糯米醋要在烹煮的過程滴入調味，烏醋則是在起鍋前滴入，增加香氣，弄錯順序就煮不出應有的風味。白胡椒與黑胡椒的功用也不同，白胡椒提供辣味，黑胡椒則是增加香氣。掌握這個料理原則，就能煮出好喝的酸辣湯。

PART 4

涼麵&冷麵

Cold noodles

● 臺式涼麵 ● 泡菜涼麵 ● 腐乳涼麵

● 雲南涼麵 ● 山藥泥涼麵 ● 柚香涼麵 ● 四川涼麵

● 梅汁涼麵 ● 三色蔬果涼麵 ● 水果冷麵

臺式涼麵

材料

細麵 100公克
小黃瓜 20公克
紅蘿蔔 20公克
綠豆芽 30公克

調味料

芝麻醬 5大匙
醬油 1大匙
糖 1大匙
糯米醋 1大匙
芝麻辣油 .... 適量

做法

1. 小黃瓜洗淨，切絲；紅蘿蔔洗淨去皮，切絲；綠豆芽洗淨，以滾水汆燙，備用。
2. 芝麻醬用50cc熱水沖開，加入醬油、糖、糯米醋拌勻，即是芝麻醬汁。
3. 麵條以滾水煮熟，撈起用冷開水沖涼，瀝乾水分盛盤，拌入適量的油。
4. 將涼麵淋上適量的芝麻醬汁、芝麻辣油，放上小黃瓜絲、紅蘿蔔絲、綠豆芽即可食用。

芝麻辣油DIY

材料：辣油250公克、白芝麻2大匙、黑芝麻2大匙

做法：1. 冷鍋倒入辣油、白芝麻、黑芝麻，開小火煮10分鐘，即可起鍋。
2. 裝碟，放涼。

私·房·話 noodle

- 臺式涼麵傳統上使用的是具有彈牙口感的油麵，此處改為健康的白麵。臺式涼麵的醬汁特色，是使用濃稠的花生醬或再添加芝麻醬，不同於日式涼麵的清淡風味。
- 用油拌麵的目的是讓麵條不會相互沾黏，通常使用約1小匙的油量即可。拌麵所使用的油，例如沙拉油、葡萄子油、葵花油或其他常用的食用油皆可，但重點是不能選用香味太重的油，例如橄欖油、花生油、麻油，以免影響醬汁調味。
- 醬汁可依個人口味濃淡調整用量，通常一人份麵量使用3大匙醬汁即可。

泡菜涼麵

材料

細麵 ………… 100公克
韓式泡菜 ………… 100公克
美生菜 ………… 50公克

調味料

糖 ………… 1大匙
糯米醋 ………… 1大匙
橄欖油 ………… 1大匙

做法

1 美生菜洗淨，切絲；韓式泡菜擠乾水分，切約2公分長段，以糖、糯米醋、橄欖油均勻拌入調味，備用。
2 麵條以滾水煮熟，撈起用冷開水沖涼，瀝乾水分後盛盤，拌入適量的油。
3 以美生菜絲鋪底，放上涼麵，再放上調味好的韓式泡菜，即可食用。

私·房·話 noodle

- 由於已有特調醬汁，因此韓式泡菜要擠乾水分，不留湯汁，以免影響風味。
- 美生菜即是結球萵苣，品種很多，只要選擇適合做生菜沙拉的即可。

腐乳涼麵

材料

細麵 …… 100公克
豆腐乳 …… 20公克
小黃瓜 …… 30公克
海苔絲 …… 10公克

調味料

糖 …… ⅓小匙
香油 …… ¼小匙

做法

1 小黃瓜洗淨，切絲，備用。
2 豆腐乳壓泥，用2小匙冷開水調開，再加入糖、香油拌勻即可，即是豆腐乳醬。
3 麵條以滾水煮熟，撈起用冷開水沖涼，瀝乾水分盛盤，拌入適量的油。
4 將涼麵淋上適量的豆腐乳醬，放上小黃瓜絲、海苔絲即可食用。

私·房·話 noodle

● 麵條煮熟後，不能直接放涼，要馬上沖冷開水，原因有兩個，一是因為澱粉類食材遇熱會糊化，沖冷水可以停止糊化；二是透過先熱後冷的溫度變化，可讓麵條保持彈性。

雲南涼麵

材料

細麵	100公克
杏鮑菇	20公克
扁豆	20公克
碎花生粒	2大匙
熟白芝麻	1大匙

調味料

沙拉油	1大匙
烏醋	2大匙
糖	1小匙
鹽	1小匙
辣椒油	1小匙
薑泥	1小匙
冷開水	2大匙

做法

1 杏鮑菇洗淨；扁豆洗淨，去頭尾，備用。

2 杏鮑菇、扁豆分別以滾水燙熟，放涼後，切絲。

3 將全部調味料拌勻，即是雲南涼麵醬。

4 麵條以滾水煮熟，撈起用冷開水沖涼，瀝乾水分後盛盤，拌入適量的油。

5 將涼麵拌入杏鮑菇絲、扁豆絲，淋上適量的雲南涼麵醬，最後撒上碎花生粒、熟白芝麻即可食用。

私·房·話 noodle

- 傳統的雲南涼麵做法習慣使用花生，其實也可以改用碾碎的腰果或杏仁角，會有意想不到的迷人新口感。
- 花生建議不要買油炸花生，可買中低溫烘焙的。
- 碾碎花生的方法很簡單，先將花生用手搓揉以脫膜，然後將脫膜後的花生放入塑膠袋，用刀背拍打或擀麵棍擀，皆可輕鬆碾碎花生。

山藥泥涼麵

材料

粗麵 ………… 100公克
山藥 ………… 100公克
紅椒 ………… 10公克
黃椒 ………… 10公克
豌豆苗 ………… 20公克

調味料

糖 ………… ⅓大匙
醬油 ………… 1大匙

做法

1. 紅椒、黃椒洗淨，瀝乾水分，切絲；豌豆苗洗淨，瀝乾水分，備用。
2. 山藥去皮切塊，用果汁機打成泥。
3. 山藥泥倒入容器裡，以糖、醬油調味，即是山藥泥醬。
4. 麵條以滾水煮熟，撈起用冷開水沖涼，瀝乾水分後盛盤，拌入適量的油。
5. 將涼麵淋上山藥泥醬，放上紅椒絲、黃椒絲、豌豆苗即可食用。

私·房·話 noodle

- 有些人處理山藥會手癢，是因為山藥皮含有草酸鈣，如果進入皮膚的毛細孔，容易引起過敏發癢。避免發癢的方法很簡單，就是保持雙手乾燥，不要碰水即可。手心容易出汗的人，可以戴手套。
- 山藥不用清洗，以類似切鳳梨的方式做去皮處理。首先切除山藥的首尾部分，再以約15公分長度切段，然後將山藥立著去皮即可。

柚香涼麵

材料

細麵 100公克
葡萄柚果粒汁 8大匙
檸檬汁 2大匙
九層塔 5公克

調味料

番茄醬 2大匙
黑胡椒粒 1小匙
糖 2大匙
橄欖油 1大匙

做法

1 九層塔洗淨，切末，備用。
2 將葡萄柚果粒汁、檸檬汁，與番茄醬、黑胡椒粒、糖、橄欖油一起調味，即是柚香醬汁。
3 麵條以滾水煮熟，撈起用冷開水沖涼，瀝乾水分後盛盤，拌入適量的油。
4 將涼麵淋上適量的柚香醬汁，撒上九層塔末即可食用。

私·房·話 noodle

- 擠葡萄柚汁的力量要輕，如果太過用力，會把果皮的苦味擠出來，影響口感。
- 除了葡萄柚汁、檸檬汁，製作果香涼麵，還可以改用柳丁或香吉士一類具有濃郁香氣的水果。

四川涼麵

材料

細麵	100公克
豆包	50公克
紅椒	30公克
青椒	30公克

調味料

芝麻醬	5大匙
醬油	1大匙
糖	1大匙
糯米醋	1大匙
麻辣醬	⅓小匙

做法

1. 豆包洗淨，瀝乾水分；紅椒、青椒洗淨，切絲，備用。
2. 冷鍋倒入1小匙沙拉油，開中小火煎豆包，將兩面煎至金黃色，即可起鍋，放涼，切絲。
3. 芝麻醬用50cc熱水沖開，加入醬油、糖、糯米醋、麻辣醬拌勻，即是四川涼麵醬。
4. 麵條以滾水煮熟，撈起用冷開水沖涼，瀝乾水分後盛盤，拌入適量的油。
5. 將涼麵淋上適量的四川涼麵醬，放上豆包絲、紅椒絲、青椒絲即可食用。

私·房·話 noodle

- 夏天適合吃的辣味和冬天不同，冬天適合吃「鹹辣」，例如辣豆瓣醬的鹹辣，夏天則適合吃「酸辣」、「甜辣」，較易開胃，例如泰式酸辣口味。

梅汁涼麵

材料

細麵……100公克
紫蘇梅汁……7大匙
大黃瓜……30公克
嫩薑……10公克

調味料

醬油……2小匙
糖……2小匙
葡萄子油……¼小匙

做法

1 大黃瓜洗淨去皮、去子，切絲；嫩薑洗淨去皮，切絲，備用。
2 紫蘇梅汁加入醬油、糖、葡萄子油拌勻，即是梅汁醬。
3 麵條以滾水煮熟，撈起用冷開水沖涼，瀝乾水分後盛盤，拌入適量的油。
4 將涼麵淋上適量的梅汁醬，放上大黃瓜絲、嫩薑絲即可食用。

私·房·話 noodle

- 梅汁與薑絲是極佳的醬汁組合。在調味時，醬油與糖的用量，要依梅子醬的鹹淡度做增減。
- 不一定要使用紫蘇梅汁，任何一種脆梅梅汁皆可用做涼麵醬汁。
- 由於大黃瓜刨絲容易出水，因此要用刀切，不要刨絲。

三色蔬果涼麵

材料

粗麵	100公克
苜蓿芽	30公克
豌豆苗	30公克
小番茄	5粒
紅蘋果	30公克

調味料

芝麻醬	5大匙
醬油	1大匙
糖	1大匙
糯米醋	1大匙

做法

1 苜蓿芽、豌豆苗洗淨；小番茄洗淨，切片；蘋果洗淨削皮，切絲，以冷開水沖洗後，瀝乾水分，備用。

2 芝麻醬用50cc熱水沖開，加入醬油、糖、糯米醋拌勻，即為芝麻醬汁。

3 麵條以滾水煮熟，撈起用冷開水沖涼，瀝乾水分後盛盤，拌入適量的油。

4 將涼麵鋪上小番茄片、蘋果絲、苜蓿芽、豌豆苗，淋上適量的芝麻醬汁，即可食用。

私·房·話 noodle

- 蘋果絲不必以鹽水浸泡，只要以冷開水沖洗，讓蘋果絲接觸到水，即可避免氧化變色。
- 濃稠的醬汁，例如山藥泥，適合粗麵條；稀薄的醬汁，例如日式醬、柚香醬，適合細麵條。

水果冷麵

材料

細麵……100公克
牛番茄……3粒
西洋芹……5公克
水梨……70公克
鳳梨……70公克
秋葵……10公克

調味料

番茄醬……2小匙
鹽……½小匙
糖……2小匙
黑胡椒粒……¼小匙

做法

1. 牛番茄、西洋芹分別洗淨，切片，一起放入果汁機，加入300cc冷水打勻；水梨洗淨，去皮切塊；鳳梨去皮切塊；秋葵洗淨，切片，備用。
2. 冷鍋倒入1小匙沙拉油，開小火，加入番茄醬略炒，再加入牛番茄西洋芹汁、水梨塊、鳳梨塊、秋葵片煮滾，以鹽、糖調味，即可起鍋放涼。
3. 麵條以滾水煮熟，撈起用冷開水沖涼，瀝乾水分後盛碗，拌入適量的油。
4. 將冷麵淋上湯汁，撒上黑胡椒粒，即可食用。

私·房·話 noodle

- 製作冷麵的湯，要使用涼的或是冰的湯。
- 冷麵的湯，口味不宜過重，以淡淡的清香水果味最佳。原則上，只要是適合熟食烹調的水果，都可以使用。

禪味
廚房 5

今天吃麵
Let's Have Noodles

國家圖書館出版品預行編目資料

今天吃麵 / 張翡珊著. -- 初版. -- 臺北市 : 法鼓文化, 2011.08
面； 公分
ISBN 978-957-598-561-5（平裝）

1.素食食譜 2.麵食食譜

427.31 100012570

作者／張翡珊
攝影／周禎和
出版／法鼓文化
總監／釋果賢
總編輯／陳重光
編輯／張晴、李金瑛
美術編輯／周家瑤
地址／臺北市北投區公館路186號5樓
電話／(02)2893-4646
傳真／(02)2896-0731
網址／http://www.ddc.com.tw
E-mail／market@ddc.com.tw
讀者服務專線／(02)2896-1600
初版一刷／2011年8月
初版四刷／2017年1月
建議售價／新臺幣300元
郵撥帳號／50013371
戶名／財團法人法鼓山文教基金會－法鼓文化
北美經銷處／紐約東初禪寺
Chan Meditation Center (New York, USA)
Tel ／(718)592-6593
Fax ／(718)592-0717